BEI GRIN MACHT SICH IHR
WISSEN BEZAHLT

Bibliografische Information der Deutschen Nationalbibliothek:

Die Deutsche Bibliothek verzeichnet diese Publikation in der Deutschen National-
bibliografie; detaillierte bibliografische Daten sind im Internet über http://dnb.d-
nb.de/ abrufbar.

Impressum:

Copyright © 2019 GRIN Verlag
Druck und Bindung: Books on Demand GmbH, Norderstedt Germany
ISBN: 9783346048233

Dieses Buch bei GRIN:

https://www.grin.com/document/502422

Nathan Kuriewicz

Market Coupling in den europäischen Strommärkten. Weshalb wird sie benötigt?

GRIN Verlag

GRIN - Your knowledge has value

Der GRIN Verlag publiziert seit 1998 wissenschaftliche Arbeiten von Studenten, Hochschullehrern und anderen Akademikern als eBook und gedrucktes Buch. Die Verlagswebsite www.grin.com ist die ideale Plattform zur Veröffentlichung von Hausarbeiten, Abschlussarbeiten, wissenschaftlichen Aufsätzen, Dissertationen und Fachbüchern.

Besuchen Sie uns im Internet:

http://www.grin.com/

http://www.facebook.com/grincom

http://www.twitter.com/grin_com

MARKET COUPLING IN DEN EURO-PÄISCHEN STROMMÄRKTEN

im Seminar „Energierecht"

Von: Nathan Kuriewicz

Nathan Kuriewicz

Inhaltsverzeichnis

Abbildungsverzeichnis

Tabellenverzeichnis

Abkürzungs- und Symbolverzeichnis

Begriffs- und Namensabkürzungen

ACER	Agentur der europäischen Regulierungsbehörden
AEUV	Vertrag über die Arbeitsweise der europäischen Union
Art	Artikel
CWE	Central Western Europe (Market Coupling)
EE	Erneuerbare Energien
EEX	European Energy Exchange
ENTSO-E (ETSO)	Europäischer Verband der Transportnetzbetreiber
ERGEG	Verband der nationalen Regulierungsbehörden
EU	Europäische Union
EVU	Energieversorgungsunternehmen
MC	Market Coupling (dt.: Marktkopplung)
NWE	North Western Europe (Market Coupling)
OTC	Over the Counter
PCR	Price Coupling of the Regions
RL	Richtlinie
Rn	Randnummer
TLC	Trilateral Market Coupling
UCPTE	Union for the Coordination of Production and Transmission of Electricity
VO	Verordnung
ÜNB	Übertragungsnetzbetreiber

Länderabkürzungen

AT	Österreich
BE	Belgien
CZ	Tschechien
DE	Deutschland
EE	Estland
ES	Spanien
FI	Finnland

FR	Frankreich
HU	Ungarn
LT	Litauen
LU	Luxemburg
LV	Lettland
NL	Niederlande
NO	Norwegen
PL	Polen
PT	Portugal
SE	Schweden
SK	Slowakei
UA	Ukraine
UK	Vereinigtes Königreich

1 Einleitung

Die europäischen Energiemärkte haben sich in den letzten Jahrzehnten immer weiter miteinander vernetzt. Mit dem Ziel eines einheitlichen Energiebinnenmarktes wurden jedoch nicht nur die nationalen Netze, sondern ebenso die Handelsmärkte verknüpft. Somit wird der grenzüberschreitende Handel zunehmend vereinfacht und intensiviert. Strombörsen prägen den Alltag des Energiehandels.

Doch besonders an den Grenzkuppelstellen kommt es vermehrt zu „Staus" bzw. zu Engpässen, wenn die Übertragungskapazitäten nicht für den gewünschten Stromfluss ausreichen. Ein sogenanntes Engpassmanagement beschäftigt sich mit der Lösung solcher Kapazitätsrestriktionen bzw. den effizienten Umgang mit ihnen. Für das Engpassmanagement kommen verschiedene Methoden in Frage. Ein Konzept, um die Engpässe effizient zu bewirtschaften, ist das sogenannte Market Coupling bzw. die Marktkopplung. Es beschreibt die Kopplung des Handelsgeschäfts mit Strom mit dem der Übertragungskapazitäten. Diese Methodik soll in dieser Arbeit genauer beleuchtet werden.

Die Kernfrage dieser Arbeit ergibt sich wie folgt: Zu welchem Zweck wird die Marktkopplung benötigt, was genau ist unter ihr zu verstehen und wie wirkt sie sich auf den europäischen Strommarkt aus? Die Arbeit beschäftigt sich dabei ausschließlich mit dem europäischen Markt für Elektrizität und nicht mit dem von Gas. Dies liegt in der besseren Vergleichbarkeit und dem intensiveren Austausch zwischen den europäischen Staaten begründet.

Die Gliederung der Arbeit ergibt sich wie folgt. Das zweite Kapitel soll die Frage nach dem Zweck der Marktkopplung beantworten, indem es den Hintergrund der Strommarktkopplung in Europa genauer erläutert. Hierbei werden die Themen des europäischen Energiebinnenmarktes, dem grenzüberschreitenden Stromhandel und dem Engpassmanagement beschrieben. Das dritte Kapitel und damit der Kernteil dieser Arbeit fokussiert das Konzept bzw. die Funktionsweise des Market Coupling genauer. Es werden die grundlegende Idee, die Voraussetzungen und die verschiedenen Arten von Market Coupling untersucht. Im vierten Kapitel wird die Entwicklung von Marktkopplung anhand von Projekten näher skizziert und der Status Quo erläutert, bevor das fünfte Kapitel eine kritische Diskussion der Thematik ausführt. Das letzte Kapitel soll die Ergebnisse dieser Arbeit nennen, die Kernfrage beantworten und einen Ausblick geben.

2 Hintergrund der Marktkopplung in Europa

2.1 Der europäische Energiebinnenmarkt

Unter dem Begriff des europäischen Energiebinnenmarktes ist ein bestmöglich integrierter Markt für den Verkehr und den Handel von Elektrizität und Gas innerhalb der Europäischen Union (EU) zu verstehen. Bevor es zu einer einheitlichen Regelung innerhalb der EU kam, unterlagen die Energieversorgung und die Energienetze ausschließlich nationalen Regelungen. Im Zuge der europäischen Integration und ihrer Verträge wurde die Kompetenzverteilung im Bereich der Energiepolitik neu definiert und die Rolle der EU gestärkt.[1]

Grundsätzlich kommt der EU in den Themen Binnenmarkt, transeuropäische Netze und Energie nach Art. 4 des Vertrags über die Arbeitsweise der EU (AEUV) eine geteilte Zuständigkeit zu. Seit den 1990er Jahren kam es zu insgesamt drei größeren Legislativpaketen, welche die Liberalisierung des europäischen Energiemarktes zum Ziel hatten. Der Fokus soll hierbei auf den Regelungen liegen, die konkret den Elektrizitätsmarkt betreffen.

Die ersten Leitlinien zur Liberalisierung und Integration des Elektrizitätsmarktes wurden im Jahr 1996 erlassen.[2] Sie sollten vor allem die monopolgeprägten Strukturen des Strommarktes aufheben und somit den freien Wettbewerb fördern.[3] Im Jahr 2003 wurden die Leitlinien im Zuge des zweiten Energiepakets durch neue ersetzt.[4] Das Paket sollte den Liberalisierungsprozess, unter anderem durch eine Regulierungspflicht, beschleunigen und die Beaufsichtigung des Marktes gewährleisten.[5] Letztlich finden die Vorschriften innerhalb des dritten Legislativpakets aus dem Jahr 2009 bis heute ihre Grundlage.[6]

Auf der einen Seite wurden im Laufe der Marktintegration eine Vielzahl von nationalen Übertragungsnetzen für Elektrizität über die Grenzen hinweg (weiter) miteinander verbunden. Auf der anderen Seite wurden aber auch die Handelsmärkte für Strom miteinander verknüpft. Die Intention hinter der Verbindung dieser Märkte bestand darin, eine gemeinsame Nachfrage und ein gemeinsames Angebot

---

[1] Gerig/Helbig, WD 2014, S. 887
[2] RL 96/92/EG des Europäischen Parlaments und des Rates vom 19.12.1996.
[3] Ritzau/Schuffelen, in: Zenke/Schäfer 2012, § 5 Rn. 6.
[4] RL 2003/54/EG des Europäischen Parlaments und des Rates vom 17.07.2003.
[5] Ritzau/Schuffelen, in: Zenke/Schäfer 2012, § 5 Rn. 6-7.
[6] RL 2009/72/EG des Europäischen Parlaments und des Rates vom. 13.07.2009.

für Elektrizität innerhalb der EU zu schaffen. Das theoretische Ideal sieht also vor, dass ein EU-Bürger als Abnehmer aus einem Pool aller europäischer Energieversorger seinen Vertragspartner wählen kann und dieser wiederum in alle Teile der EU seinen produzierten Strom absetzen kann.[7]

Es ist zu untersuchen, in welcher Lage sich der europäische Strommarkt, insbesondere in Bezug auf grenzüberschreitenden Transport, befindet.

2.2 Grenzüberschreitender Stromhandel in Europa

Innerhalb der EU unterliegt die Elektrizität als Ware der Waren- und Verkehrsfreiheit, welche in den Art. 28 bis 36 des AEUV geregelt ist. Der Verkehr und der Handel von Strom ist essenzieller Bestandteil der Idee des europäischen Energiebinnenmarktes. Eine verbesserte Verteilung des Gutes Strom soll die Wohlfahrt (den Nutzen aus Handel) der Bevölkerung erhöhen.[8]

Genauer lässt sich diese Wohlfahrterhöhung anhand von drei Merkmalen des europäischen Strommarktes charakterisieren. An erster Stelle soll die Konkurrenz der Anbieter, also der Energieversorger, erhöht werden. Dies führt zu höherer Effizienz in der Produktion. Zweitens sollen Preisdifferenzen für Elektrizität zwischen den Staaten abgebaut werden und insgesamt ein günstigeres Angebot entstehen. An dritter Stelle steht die Verringerung möglicher Ausfälle von Versorgung und Transport.[9]

Abbildung 1: Handelsvolumen an der EEX in Terrawattstunden

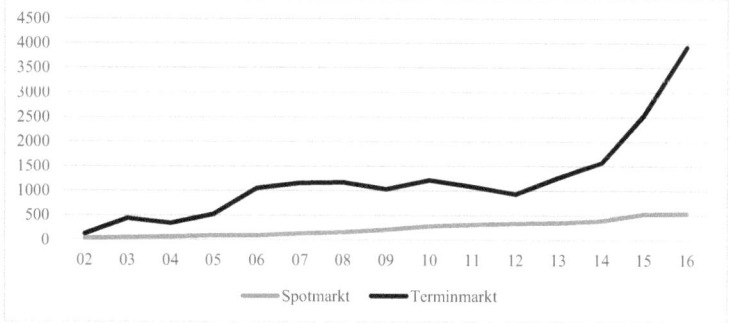

Quelle: In Anlehnung an Statista 2018.

---

[7] Litz/Rosenkranz, A-EW 2015, S. 8-11.
[8] Niedrig/Schroeder, in: Zenke/Schäfer 2012, §27 Rn. 12
[9] Wawer, ZfE 2009, S. 91.

Tatsächlich hat sich das Handelsvolumen von Strom innerhalb der Europäischen Union in den letzten Jahren deutlich erhöht.[10] Abbildung 1 zeigt das Wachstum des Handelsvolumens an der europäischen Strombörse „European Energy Exchange" (EEX) in den Jahren 2002 bis 2016. Der Spotmarkt beschreibt hierbei kurzfristig geschlossene und der Terminmarkt langfristig geschlossene Handelsverträge.

Bei der Betrachtung des Handels mit Strom an der Börse sollte beachtet werden, dass der grenzüberschreitende Stromhandel nicht den Großteil des Verbrauchs ausmacht. Der Bezug von Strom zu den Privathaushalten erfolgt in aller Regel über Versorgungsverträge mit inländischen Energieversorgungsunternehmen (EVU). Somit wächst zwar der grenzüberschreitende Stromhandel, aber von der „Kupferplatte Europa" sind die europäischen Staaten noch weit entfernt. Doch auch im Ablauf unterscheidet sich der Großhandel mit Strom von den (inländischen) Versorgungsverträgen.[11]

Abbildung 2: Strommarktdesign

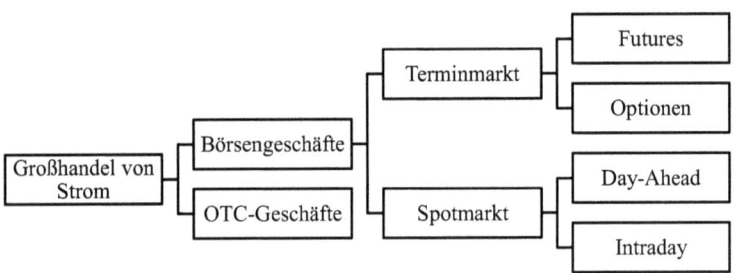

Quelle: In Anlehnung an NEXT Kraftwerke 2018.

Die Abbildung 2 illustriert das Strommarktdesign in Europa. Der Großhandel mit Elektrizität findet entweder innerhalb oder außerhalb der Börse statt. Der Handel außerhalb der Börse wird auch als „Over-the-Counter" (OTC) bezeichnet. Hierunter fallen direkte Verträge zwischen Anbieter und Abnehmer. Im Gegensatz zu den OTC-Geschäften besitzt der Börsenhandel einen Sammelcharakter. Hier lassen sich eine Vielzahl von Anbietern und Nachfragern in einem Pool finden. Der Börsenhandel wird in den Terminhandel mit langfristigen Verträgen (Futures und Optionen) und den Spotmarkt mit kurzfristigen Verträgen (Day-Ahead und Intraday)

---

[10] Statista, 2018, https://de.statista.com/statistik/daten/studie/12486/umfrage/entwicklung-der-eex-handelsvolumina/, letzter Aufruf: 02.03.2019.
[11] Uwer/Rademacher, 2017, S. 132-134.

unterteilt. Doch auch wenn ein Großteil der Handelsgeschäfte in Form von OTC-Verträgen abgewickelt werden, so richtet sich der gesamte Großhandel mit Elektrizität nach dem an der Börse ermittelten Preis. Somit nimmt die Strombörse eine gewichtige Rolle im Gefüge des grenzüberschreitenden Stromhandels ein.[12]

Die Geschäfte an der Börse bzw. die gehandelten Produkte werden in Form von Zeit und Menge standardisiert. Bei optimaler Allokation könnte für jeden Abnehmer ein passendes Geschäft mit einem Anbieter ermöglicht werden. Es muss hierfür durchgehend eine hinreichend große Zahl von Handelspartnern auf beiden Seiten vorliegen, um einen liquiden Markt zu gewährleisten. Sowohl den Anbietern als auch den Nachfragern stehen die Optionen von Terminmarkt oder Spotmarkt offen. Am Terminmarkt werden Geschäfte für das nächste Jahr und darüber hinaus geschlossen. Am Spotmarkt hingegen werden Handelsverträge bezüglich des nächsten Tages (Day-ahead) oder noch am gleichen Tag (Intraday) gehandelt. Stromflüsse, die nach der Handelsfrist, dem sogenannten „gate closure", beschlossen werden, entfallen auf die „Regel- und Ausgleichsenergie". Sie dienen der Gleichgewichtserhaltung von Einspeisung und Entnahme im Netz.[13] Die zeitliche Einordnung der Stromhandelsgeschäfte ist in der Abbildung 3 illustriert.[14]

Abbildung 3: Zeitliche Einordnung von Stromhandelsgeschäften

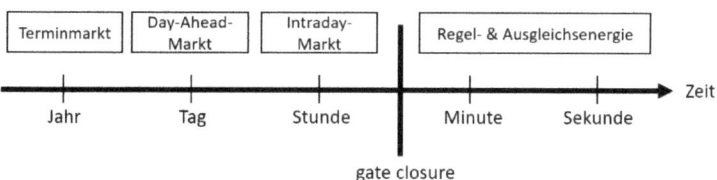

Quelle: In Anlehnung an Dieckmann 2008.

Beim Großhandel mit Strom muss beachtet werden, dass sich das europäische Stromnetz in mehrere sogenannter Gebotszonen unterteilt. Eine Gebotszone definiert sich dadurch, dass innerhalb ihrer Grenzen ein einheitlicher Preis gilt. Ein einheitlicher Strompreis impliziert die (theoretische) Abwesenheit von Engpässen, also von Restriktionen durch begrenzte Kapazitäten des Übertragungsnetzes, innerhalb der Gebotszone.[15]

---

[12] Dieckmann, 2008, S. 15.
[13] Hager/Kawann/Benckendorff/Schwarz, e&i 2001, S. 408-409.
[14] Dieckmann, 2008, S. 15-16.
[15] BNetzA, Monitoringbericht 2018, S. 208

Zwischen den Gebotszonen und somit in der Regel an Staatsgrenzen kommt es jedoch häufig zu solchen Engpässen. Diese Engpässe führen zu Preisdifferenzen. Deshalb könnte bereits die Existenz von Gebotszonen dem Leitgedanken des europäischen Energiebinnenmarktes entgegenstehen. Dies ist jedoch nicht der Fall. Es ist sogar vorgesehen, dass verschiedene Gebotszonen an Bereichen strukturell bedingter Kapazitätsrestriktionen gebildet werden.[16]

Dennoch ist es fraglich, wie die EU-Energiepolitik auf solche Engpässe reagiert. Um eine effiziente Allokation zu ermöglichen, müssen die Kapazitätsrestriktionen der Ländergrenzen effizient bewirtschaftet werden.

2.3 Engpassmanagement im europäischen Strommarkt

Die Bewirtschaftung von Engpässen im Übertragungsnetz bzw. an den Grenzen von Übertragungsnetzen einer Gebotszone wird Engpassmanagement genannt.

Ein angemessenes Engpassmanagement muss einige Anforderung erfüllen. Erstens soll der Preis weitmöglichst gesenkt bzw. die Preisdifferenzen zwischen den Staaten auf ein Minimum reduziert werden. Zweitens muss eine einheitliche Behandlung von EVU und Übertragungsnetzbetreibern (ÜNB) vorgenommen werden. Diese Behandlung muss stets offen und einsehbar kommuniziert werden. Drittens soll jegliches Engpassmanagement im Sinne der Liberalisierung am Markt ausgerichtet sein. So soll gefördert werden, dass nicht diskriminiert oder zu stark in den Markt eingegriffen wird. Viertens muss das Engpassmanagement dazu beitragen, den Wettbewerb zu fördern und nicht, ihn zu behindern. Diese Anforderung geht zum Teil aus der Marktorientierung hervor. Der letzte und vielleicht wichtigste Punkt ist die Anforderung der (möglichst) vollständigen Kapazitätsausnutzung. Engpässe beschreiben zwar, dass Restriktionen der Übertragungsnetze vorhanden sind, aber innerhalb der Restriktionen sollte das Netz weitmöglichst (aus-)genutzt werden.[17]

Die Anforderungen an das Engpassmanagement gehen aus dem rechtlichen Rahmen hervor, der von der EU um die Thematik gespannt wurde. An erster Stelle stehen die (bereits zuvor erwähnten) Richtlinien zum Elektrizitätsbinnenmarkt. Des Weiteren geben europäische Organisationen wie der europäische Verband der ÜNB (ENTSO-E), der Verband der Energieregulierungsbehörden (ACER) und die

---

[16] König/Baumgart, EuZW 2018, Rn. 495.
[17] Wawer, ZfE 2007, S. 111.

europäische Organisation der nationalen Regulierungsbehörden (ERGEG) das Eng-passmanagement vor. Die verschärften Regelungen gehen aus den hohen Risiken hervor, die mit den Engpässen verbunden sind. Engpässe können zu einem Un-gleichgewicht von Einspeisung und Entnahme führen. Dieses Ungleichgewicht kann wiederum zu Versorgungsengpässen und im schlimmsten Fall sogar zu Sys-temausfällen führen.[18]

Doch neben den möglichen Risiken sollten vor allem die Ursachen für unzu-reichende Kapazitätsrestriktionen beachtet werden. Die Ursachen können grob in zwei Kategorien eingeordnet werden. Auf der einen Seite existieren unvorherseh-bare, nicht planbare Schwankungen, welche beispielweise aus der Volatilität von erneuerbaren Energien (EE) resultieren können.[19] Auf der anderen Seite existieren planbaren Engpässe, die aus vertraglichen (Liefer-)Verpflichtungen resultieren.[20]

Diese Arbeit beschäftigt sich mit dem Engpassmanagement in Bezug auf planbare Engpässe. Wenn die Übertragungskapazitäten für den gewünschten Stromfluss (über Grenzen hinweg) nicht ausreichen, so liegt die Lösung eines Netzausbaus nahe. Doch ist eine Situation denkbar, in welcher die Kosten des Ausbaus von Über-tragungsnetzen oder Grenzkuppelstellen den Nutzen bzw. den möglichen Gewinn überwiegen. In diesem Fall müssen andere Methoden zum Engpassmanagement ge-funden werden.[21]

Sollte es zu vereinzelten Differenzen zwischen Einspeisung und Entnahme inner-halb eines Übertragungsnetzes kommen, so bietet sich die Methode des „Redis-patch" oder „Countertrading" an. Hierbei handelt es sich um die Beeinflussung ein-zelner Anlagen im konkreten Bedarfsfall. Kommt es jedoch zu regelmäßigen Eng-pässen (wie es an den Ländergrenzen i.d.R. der Fall ist) ist ein langfristig orientier-tes Engpassmanagement erforderlich.[22]

Hierzu können die explizite Auktion, die implizite Auktion, das Nodal Pricing und die Marktkopplung gezählt werden. Bei der expliziten Auktion handelt es sich um die Ver-/Ersteigerung von Übertragungskapazitäten. Diese wird jedoch getrennt vom Stromlieferungsgeschäft vereinbart. Sollte ein Käufer also einen bestimmten

---

[18] Niedrig/Schroeder, in: Zenke/Schäfer 2012, §27 Rn. 1-15.
[19] Vahrenholt, WD 2010, S. 653-655.
[20] Niedrig/Schroeder, in: Zenke/Schäfer 2012, §27 Rn. 5-7.
[21] Spiecker/Vogel/Weber, uwf 2009, S. 321.
[22] Gerbaulet/Kunz/Hirschhausen/Zerrahn, DIW 2013, S. 6-7.

Stromfluss planen, muss er die benötigten Kapazitäten an einem Auktionshaus er-
steigern und anschließend die gewünschte Strommenge in einem getrennten Prozess kaufen. Bei der impliziten Auktion ist das Gegenteil der Fall. Hierbei finden
die Versteigerungen der Übertragungskapazitäten und das Stromgeschäft innerhalb
eines Prozesses an einem zentralen Auktionshaus statt. Das Nodal Pricing beschreibt einen komplexen Mechanismus, der auf Algorithmen und der impliziten
Berücksichtigung einer Vielzahl von Marktfaktoren basiert. Dieses Konzept beschreibt in der Theorie zwar einen perfekten Mechanismus, ist in der Realität jedoch
kaum umsetzbar.[23]

Die letzte Methode beschreibt das Market Coupling (MC) bzw. die Marktkopplung.
Sie beschreibt eine Mischform aus der expliziten und der impliziten Auktion.[24] Sie
soll im nächsten Kapitel genauer analysiert werden.

3 Marktkopplung im europäischen Strommarkt

3.1 Market Coupling als Optimierungskalkül

Das Konzept der Marktkopplung sieht vor, die Handelsgewinne (Wohlfahrt) zu op-
timieren.[25] Hierbei werden die Vorteile aus der expliziten und der impliziten Auktion miteinander verknüpft. Beim Termingeschäft (langfristige Verträge) bleibt
eine explizite Auktion bestehen. Die explizite Auktion hat den Vorteil, dass der
Handel nicht über ein zentrales Auktionshaus geführt werden muss und so der Einfluss von diesem auf den Markt nicht vergrößert wird. Außerdem müssten bei der
Umstellung auf implizite Auktionen bereits verhandelte Langzeitverträge in großer
Zahl neu aufgesetzt werden.[26] Im kurzfristigen Spotmarkt dagegen wird die implizite Auktion genutzt. Ihr Vorteil besteht im effizienten Bewirtschaften der Transportkapazitäten. Durch die Berücksichtigung der knappen Kapazitäten kann so ein
für das Spotgeschäft optimaler Preis ermittelt werden.[27]

Zu Beginn soll die grundsätzliche Funktionsweise des Market Coupling anhand eines 2-Länder-Modells beschrieben werden. Hierfür gelten folgende Vorausssetzun-
gen. Es existiert ein Land, welches in der Ausgangssituation ohne MC einen

---

[23] Wawer, ZfE 2007, S. 111-115.
[24] ebd., S. 114.
[25] Meeus/Vandezande/Cole/Belmans, E 2009, S. 228-229.
[26] Dieckmann, 2008, S. 115.
[27] Wawer, ZfE 2007, S. 114-115.

(relativ) geringen Preis für Strom aufweisen würde. Dieses Land wird im Folgenden als Niedrigpreisland A bezeichnet. In einem anderen Land würde es in der Ausgangssituation ohne MC zu einem (relativ) hohen Strompreis kommen. Dieses Land wird im Folgenden als Hochpreisland B bezeichnet. Wenn nun die Marktkopplung zur Anwendung kommt, exportiert das Niedrigpreisland A Strom in das Hochpreisland B in Höhe der zur Verfügung stehenden Kapazitäten. Nun sind zwei Fälle denkbar. Entweder die für die Marktkopplung zur Verfügung stehenden Kapazitäten reichen aus, um eine völlige Preisidentität in beiden Ländern herzustellen oder sie reichen hierfür nicht aus.[28]

Zu beachten ist, dass hier von Kapazitäten die Rede ist, die schon um vertragliche Verpflichtungen (langfristig explizit vergebene Übertragungskapazitäten) etc. bereinigt worden sind. Abgebildet werden also nur Kapazitäten, die für das Market Coupling zur Verfügung stehen.[29]

Abbildung 4: Market Coupling bei ausreichenden Kapazitäten

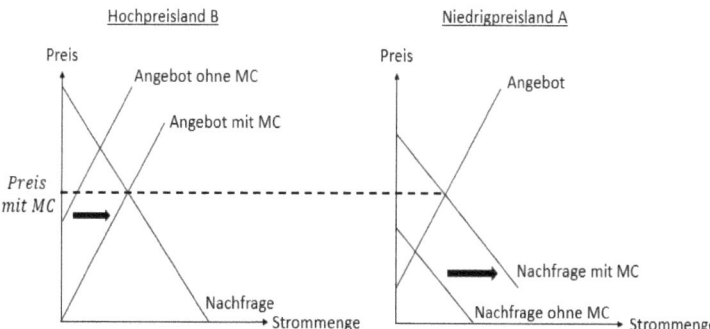

In Anlehnung an: Weber/Graeber/Semmig 2010.

Die Situation, dass die Kapazitäten für den Prozess der Marktkopplung ausreichen, wird in Abbildung 4 illustriert. Auf der Ordinate ist der Preis und auf der Abszisse die Strommenge abgebildet. Wenn ausreichend Kapazitäten zur Verfügung stehen, resultiert der aus ökonomischer Sicht beste Fall.

Das Niedrigpreisland A exportiert nun Strom in das Hochpreisland B. Hierdurch erhöht sich die Nachfrage in Land A um die Menge an Strom, die aus dem Hochpreisland B nachgefragt wird. Auf der anderen Seite erhöht sich in Land B das

---

[28] Weber/Graeber/Semmig, ZfE 2010, S. 304-305.
[29] Dieckmann, 2008, S. 116-117.

Angebot um die Menge an Strom, die von Land A angeboten wird. Insgesamt ergibt sich in beiden Ländern nach Abschluss der Marktkopplung ein einheitlicher Preis und die Wohlfahrt wird maximiert.[30]

Der Fall, dass die Kapazitäten für den Prozess der Marktkopplung nicht ausreichen, wird in Abbildung 5 illustriert. Wieder werden auf der Ordinate der Preis und auf der Abszisse die Strommenge abgebildet. Da die Kapazitäten nicht ausreichen, kann der Preisunterschied der Länder nur zum Teil verringert werden. Im Niedrigpreisland A erhöht sich die Nachfrage um die Menge, die aus dem Hochpreisland B nachgefragt werden kann und es ergibt sich der neue erhöhte Preis (Preis A). Im Hochpreisland B erhöht sich das Angebot um die Menge, die vom Niedrigpreisland A angeboten werden kann und der Preis reduziert sich (Preis B).

Abbildung 5: Market Coupling bei nicht ausreichender Kapazität

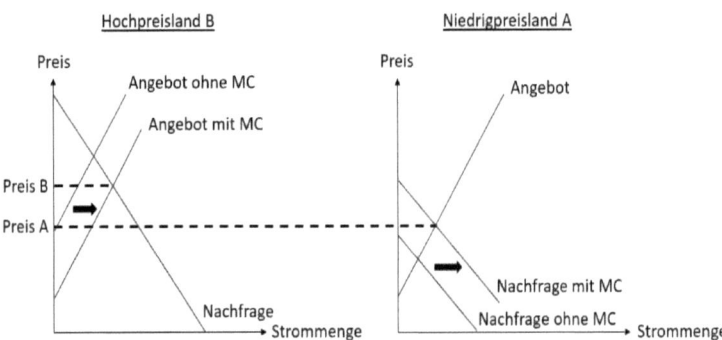

Quelle: In Anlehnung an Weber/Graeber/Semmig 2010.

Letztlich besteht hier zwischen den beiden Ländern noch ein Preisunterschied für die Elektrizität. Dieser Preisunterschied gibt den Wert des Übertragungsrechtes an. Es ist möglich, dass dieser Wert dem Besitzer des Übertragungsrechtes ausgezahlt wird, um diesen für die nicht vollständige Nutzung zu entschädigen. Dieses Verfahren wird „Price Coupling of the Regions" (PCR) genannt.[31]

Obwohl hier eine ökonomisch schlechtere Situation abgebildet wird, so ergibt sich dennoch unter den gegebenen Faktoren und Restriktionen das bestmögliche Szenario und ein effizientes Engpassmanagement.[32]

---

[30] Weber/Graeber/Semmig, ZfE 2010, S. 304-305.
[31] Niedrig/Schroeder, in: Zenke/Schäfer 2012, §27 Rn. 1-15.
[32] Weber/Graeber/Semmig, ZfE 2010, S. 304-305.

Auch im Laufe eines Tages kommt es im (europäischen) Elektrizitätsmarkt zu immer stärker ausgebildeten Schwankungen in der Entnahme und v.a. in der Einspeisung. Zuvor angewandte Methoden der nicht gekoppelten Vergabe von Kapazitäten und Elektrizitätsfluss führten vermehrt zu Ineffizienzen im Stromhandel. Deshalb ist es von elementarer Bedeutung, dass der Spotmarkt und das Market Coupling flexibel auf Angebots- und Preisschwankungen reagieren kann.[33]

Das grundlegende Prinzip der Marktkopplung besteht also darin, bei der Verbindung zweier Strommärkte die Kapazitätsvergabe und das Stromgeschäft am Spotmarkt aneinander zu koppeln. Somit sollen die Transportkapazitäten effizient genutzt und so die Wohlfahrt der Bevölkerung maximiert werden.[34]

Damit die Marktkopplung, wie im Modell erläutert, erfolgreich Anwendung finden kann, müssen verschiedene Voraussetzungen erfüllt werden.

3.2 Voraussetzung für eine funktionierende Marktkopplung

Damit die Marktkopplung und Außenhandel überhaupt möglich sind, muss grundsätzlich ein verbundenes Stromnetz vorliegen, damit der Transport über Grenzen gelingen kann. Ein gemeinsames Stromnetz wird als Verbundnetz betitelt. In Europa liegen die Ursprünge in der Europäischen Integration. Seit 1951 wurden in Folge der gegründeten „Union for the Coordination of Production and Transmission of Electricity" (UCPTE) Grenzkuppelstellen und somit ein europäisches Verbundsystem aufgebaut.[35]

Eine weitere Voraussetzung ist der Aufbau und Betrieb eines zentralen Auktionshauses. Hier können die Kapazitäten (zusammen mit dem gewünschten Stromfluss) angeboten oder angefragt werden. Im Jahr 2008 kam es zur Gründung der „European Market Coupling Company" (EMCC), einem Unternehmensverbund verschiedener ÜNB und Strombörsen in Europa.[36] 2014 wurde die EMCC als Auktionshaus geschlossen. Ihre Funktionen übernahm der Verbund des „North Western Europe"-Market Coupling, welcher in Kapitel 4 näher erläutert werden soll.[37]

Die Kooperation von nationalen Börsen und ÜNB ist von zentraler Bedeutung für die erfolgreiche Umsetzung der Marktkopplung. Nicht nur Anpassungen der

---

[33] Niedrig/Schroeder, in: Zenke/Schäfer 2012, §27 Rn. 50-52.
[34] ebd., §27 Rn. 49-53.
[35] Haimbl/Singleton/Hatz, e&i 2004, S. 375.
[36] Böttcher, emw 2009, S. 22-24.
[37] Kiesel/Kusterman, JoCM 2016, S. 16-17.

Kapazitäten des Transportnetz sind von Relevanz, sondern ebenso der transparente Austausch und die Kommunikation von Daten. Nur durch ausreichende Informationen sind das zentrale Auktionshaus und die nationalen Strombörsen in der Lage, verlässliche Prognosen für die Verfügbarkeit von Übertragungskapazitäten und ihrer anschließenden Vergabe zu ermitteln.[38]

Die scheinbare Vielzahl von Voraussetzungen sind in großem Maße bereits im Zuge der Europäischen Integration erfolgt oder werden durch die Liberalisierungsprozess vorangetrieben. Die Marktkopplung bietet verschiede Möglichkeiten bzw. Arten, um ein effizientes Engpassmanagement zu ermöglichen. Sie sollen im Folgenden genauer erläutert werden.

Die Methodik der Marktkopplung kann anhand von zwei Merkmalen unterschieden werden. Auf der einen Seite kann sich der Orientierungsansatz unterscheiden. Hier ist eine Ausrichtung am Preis oder am Volumen möglich.[39] Auf der anderen Seite kann sich die Berechnung bzw. Kalkulation der verfügbaren Kapazitäten in eine klassische „Available Transfer Capacity" (ATC), eine lastflussbasierte (Flow based) oder eine „Nodal Market Clearing" Kalkulation unterscheiden.[40]

3.3 Preisbasierter oder volumenbasierter Ansatz

Bei den Spotgeschäften (mit impliziten Auktionen) hat das Auktionshaus zwei Möglichkeiten, die Gebote zu bewirtschaften. Auf der einen Seite ist die Kalkulation des Preises möglich. Auf der anderen Seite ist die Berechnung des verfügbaren Volumens denkbar.[41]

Bei der Kalkulation des Preises am Spotmarkt muss das Auktionsbüro mehrere Faktoren miteinbeziehen. Hierzu gehören die zur Verfügung stehenden Transportkapazitäten der ÜNB und die Gebote von Anbietern und Abnehmern des (gewünschten) Stromflusses. Hierbei kommt dem Auktionshaus selbst die Rolle eines Börsenteilnehmers zu. Es selbst kauft eine bestimmte Menge Strom (im Niedrigpreisland) und setzt diese daraufolgend ab (im Hochpreisland).

In Folge kommt es zu den Effekten, wie sie im 2-Länder-Modell erläutert wurden. Der Preis wird somit nicht vom Auktionshaus berechnet und vorgegeben, sondern

---

[38] Van den Bergh/Boury/Delarue, EJ 2016, S. 25-26.
[39] Consectec, 2007, S. 66-68.
[40] Van den Bergh/Boury/Delarue, EJ 2016, S. 25-26.
[41] Diekmann, 2008, S. 114-115.

ergibt sich durch den automatischen Marktmechanismus in den jeweiligen Ländern. Entweder kommt es zu einer völligen Preisangleichung zwischen Hoch- und Niedrigpreisland oder die Preisdifferenz wird (nur) zum Teil vermindert.

Bei der zweiten Variante berechnet das Auktionshaus die Transportkapazitäten, die nach der Erfüllung der vertraglich vereinbarten Lieferungen und sonstigen Verpflichtungen noch zur Verfügung stehen. Hierbei nimmt das Auktionshaus nicht die Rolle eines Verkäufers oder Käufers ein. Es sammelt lediglich die vorhandenen Daten und ermöglicht durch die Angabe von verfügbarer Transportkapazität den Handel am Spotmarkt bzw. an der Börse für den nächsten oder gleichen Tag.[42]

Das Market Coupling ermöglicht es, dass beide Ansätze nebeneinander angewendet werden können. Die Vor- oder Nachteilhaftigkeit einer einzelnen Orientierung ist fraglich. Sie unterscheiden sich nur in der Stellung des Auktionshauses als Sammelplatz oder als Teilnehmer an der Börse.[43] Dabei erfordert die Kalkulation der verfügbaren Kapazitäten durch das Auktionshaus einen geringeren Grad an Anpassung durch die Strombörsen der beteiligten Länder. Sie können ihre Kalkulationsmethoden zur Preisbestimmung unverändert lassen.[44]

Im Gegensatz zur Preismethode, wo eine Vielzahl von Faktoren berücksichtigt werden können, birgt der volumenbasierte Ansatz jedoch die Gefahr von möglichen Abweichungen der eigenen Kalkulationen von denen der anderen Marktteilnehmer oder nationalen Börsen. Dies könnte in Folge dessen zu einer Ineffizienz führen, wenn die verfügbaren Transportkapazitäten nicht ausgelastet werden oder gar falsch verteilt werden. Bei einer geringen Preisdifferenz zwischen Niedrig- und Hochpreisland könnte eine falsche Berechnung im schlimmsten Fall sogar zu einem Stromfluss in die falsche Richtung führen.[45] Um dieses Risiko zu minimieren, hat sich das Konzept eines „Tight Volume Couplings" entwickelt. Hierbei handelt es sich um eine Berechnung der zur Verfügung stehenden Transportkapazitäten, bei der die Preisermittlung der nationalen Strombörsen mit einkalkuliert werden.[46]

Zusammenfassend würde ein volumenbasierter Ansatz vier Vorteile einer impliziten Auktion bei der Kapazitätsvergabe erfüllen. Erstens wird (nicht zuletzt durch

---

[42] ebd., S. 115.
[43] ebd., S. 115-116.
[44] Consentec, Study comissioned by the European Commission, Final Report 2007, S. 66-68.
[45] Eine falsche Flussrichtung würde bedeuten, dass das Hochpreisland Strom in das Niedrigpreisland exportiert.
[46] Dieckmann, 2008, S. 118.

das Tight Volume Couplings) sichergestellt, dass der Strom immer von Niedrigpreisland in das Hochpreisland exportiert wird. Zweitens kommt es zu einer effizienten Allokation der zur Verfügung stehenden Transportkapazitäten. Zu einem nicht ausgelasteten Übertragungsnetz bzw. einer nicht ausgereizten Grenzkuppelstelle kommt es nur in dem Fall, in dem es zur vollständigen Preisangleichung zweier Zonen nicht vollständig benötigt wird. Drittens resultieren (nach abgeschlossenem Spotgeschäft) bestehende Preisdifferenzen zwischen zwei Zonen nur aus der physischen Gegebenheit bzw. der knappen Übertragungskapazitäten. Eine wettbewerbspolitische Intention kann hinter einem solchen Preisunterschied somit ausgeschlossen werden. Viertens und als Resultat der vorangegangenen Punkte ist der Preis für ein Übertragungsrecht (die Nutzung der Kapazität) identisch mit der Preisdifferenz zwischen den zwei am Handel beteiligten Zonen. Hieraus können geplante Investitionen in den Netzausbau besser kalkuliert werden.[47] Dem ÜNB, der auch aus einer Preisdifferenz Profit erwirtschaften kann, ist es nun möglich abzuwägen, ob der Nutzen aus einem Netzausbau den Kosten überwiegt.[48]

Hierbei sollte der Unterschied zwischen einem finanziellen und einem physischen Übertragungsrecht erläutert werden. Marktteilnehmer sollen beim zugesicherten Übertragungsrecht für eine mögliche (teilweise) Nichtnutzbarkeit der (vollen) Kapazitäten abgesichert werden. Finanzielle Rechte, wie beim Market Coupling vorzufinden, beschreiben den Anspruch des Besitzers, den Wert (also den Preisunterschied) ausgezahlt zu bekommen, sollte es nicht zu einer vollständigen Preisangleichung zweier handelnder Zonen kommen. Im Gegensatz dazu beschreibt ein physisches Übertragungsrecht die Berechtigung zum Transport einer bestimmten Menge Strom durch ein oder mehrere Netze.[49]

In der theoretischen Analyse kann die Marktkopplung also eine Vielzahl von Vorteilen mit sich bringen, die im Einklang mit den Zielen der Strommarktliberalisierung in Europa stehen. Es sollte jedoch beachtet werden, dass die Etablierung der Marktkopplung doch auch Kosten mit sich bringt. Hierbei handelt es sich vor allem um den Aufbau und die Etablierung eines zentralen Auktionshauses.[50]

---

[47] ebd., S. 118-119.
[48] Spiecker/Vogel/Weber, uwf 2009, S. 321-322.
[49] Niedrig/Schroeder, in: Zenke/Schäfer 2012, §27 Rn. 54-55.
[50] Dieckmann, 2008, S. 118-119.

3.4 Kapazitätskalkulation im Market Coupling

Bei einem volumenbasierten Ansatz ist es von zentraler Bedeutung, nach welcher Methode die verfügbare Kapazität selbst berechnet wird. In diesem Abschnitt sollen drei mögliche Ansätze zur Kapazitätsberechnung genauer beschrieben werden. Hierbei handelt es sich um die Methoden des „Nodal Market Clearing", des „Available Transfer Capacity" (ATC) und des Lastfluss-Verfahrens (Flow-based).[51]

Der theoretische Ansatz hinter dem „Nodal Market Clearing"-Ansatz sieht eine Berechnungsmethode vor, die möglichst alle verfügbaren Daten auf Seiten der ÜNB und der Kapazitäten mit einkalkuliert. Hierbei sollen die gehandelten Kapazitätsrechte exakt mit den verfügbaren Transportkapazitäten von der einen Zone in die andere identisch sein. Als Resultat dessen entsprechen die zum Handel angebotenen Übertragungsrechte den physisch zur Verfügung stehen Kapazitäten. Getreu dem Namen werden dabei die Gebotszonen als Knotenpunkte definiert. Insgesamt werden eine Vielzahl von Faktoren in die Kalkulation miteinbezogen und die Etablierung eines solchen Mechanismus würde sich kompliziert gestalten. Im Gegensatz zu Teilen der Vereinigten Staaten von Amerika findet das „Nodal Market Clearing" im europäischen Strombinnenmarkt keine Anwendung.[52]

Die ATC-Methode beschreibt einen klassischen Ansatz, wie er bis vor kurzem in allen Zonen, in denen Marktkopplung Anwendung fand, vorzufinden war. Hierbei definiert jeder einzelne beteiligter ÜNB die aus seiner Sicht zur Verfügung stehende Kapazität über die Grenzen seiner Zone hinweg. Dabei stützen sich die ÜNB auf Erfahrungswerte. Mit Hilfe von aus der Geschichte gezogenen Ergebnissen prognostizieren sie die zur Verfügung stehende Kapazität. Bei einem Transport von einem Übertragungsnetz in ein anderes entscheidet daraus resultierend der kleinere Wert über den möglichen Transport. Es wird dabei versucht, durch eine schrittweise Annäherung an die physischen Gegebenheiten, eine möglichst effiziente Ausnutzung der Transportkapazitäten zu erreichen. Eine solche Herangehensweise führt jedoch vor allem in dicht vernetzten Gebieten (wie bspw. CWE) zu einer

---

[51] Van den Bergh/Boury/Dalarue, EJ 2016, S. 25.
[52] ebd., S. 25-26.

ineffizienten Nutzung der physischen Kapazitäten. Auch im Hinblick auf die zunehmende Einspeisung von EE verlieren die Prognosen an Sicherheit.[53]

Die lastflussbasierte Kalkulationsmethode im Zuge des Market Couplings resultierte aus einer Zusammenarbeit des europäischen Verbands Europex mit der ETSO.[54] Ihre Anwendung in der historischen Entwicklung der Marktkopplung wird in Kapitel 4 eingeordnet. Hierbei handelt es sich um eine Kombination des „Nodal Market Clearing" und der ATC-Methode.[55] Kernbestandteil des Ansatzes ist es, dass nicht nur Transportkapazitäten an den Kuppelstellen, sondern ebenso (mögliche) Stromflüsse innerhalb der einzelnen Gebotszonen miteinbezogen werden. In einem Algorithmus werden diese und weitere Daten miteinbezogen und die verfügbare Transportkapazität möglichst nah an der physischen Realität bestimmt.

Als Ergebnis konnte mit diesem Ansatz eine erhöhte Transportkapazität und folglich eine geringere Preisdifferenz zwischen den Ländern erreicht werden, in denen die Lastflussmethode Anwendung findet.[56] Nicht zuletzt die Digitalisierung erfüllt hier einen bedeutenden Teil, da sie die Informationsgewinnung und anschließende Kalkulation (im Vergleich zu Anfangszeiten der Strommarktliberalisierung) deutlich vereinfacht.[57]

Die verschiedenen Arten von Marktkopplungen resultieren aus der mehrjährigen Entwicklung der Strommarktliberalisierung in Europa. Im Zuge ihrer bildeten sich mehrere MC-Projekte, in denen europäische Staaten die Marktkopplung in ihren Strommärkten umsetzten. Diese sollen im nächsten Kapitel thematisiert werden.

4 Historische Entwicklung der Marktkopplung in Europa

4.1 Übersicht über Marktkopplungsprojekte

Die Marktkopplung innerhalb der europäischen Strommärkte erfolgte nicht auf einen Schlag, sondern war Resultat eines langjährigen Prozesses, in denen zunehmend mehr Nationen an der Umsetzung der Marktkopplung teilnahmen. Die einzelnen Etappen werden im Folgenden als Market Coupling-Projekte betitelt. Bevor diese jedoch inhaltlich genauer analysiert werden, soll hier eine kurze Übersicht

---

[53] Niedrig/Schroeder, in: Zenke/Schäfer 2012, §27 Rn. 32-33.
[54] Dieckmann, 2008, S. 20.
[55] Van den Bergh/Boury/Delarue, EJ 2016, S. 26.
[56] BNetzA, Monitoringbericht 2018, S. 209-211.
[57] Kolloch/Golker, ZfE 2016, S. 42-43.

über vergangene und bestehende MC-Projekte gegeben werden. Eine chronologische Einordnung ist in Tabelle 1 aufgeführt.

Tabelle 1: MC-Projekte in Europa

Jahr	Name	Beteiligte Länder
2006	Trilateral Market Coupling	FR, BE, NL
2010	Central Western Europe	(TLC) + DE, AT, LU
	South Western Europe	ES, PT
2014	North Western Europe	(CWE) + UK, NO, SE, FI, EE, LV, LT, PL
	Multi Regional Coupling	(NWE) + (SWE)
	Central Eastern Europe	CZ, SK, HU, UA
2015	Flow-based MC	DE, FR, BE, LU, NL

Quelle: Eigene Darstellung

Den Anfang machte das „Trilateral Market Coupling" (TLC) im Jahr 2006 aus den drei Ländern Frankreich, Belgien und der Niederlande. Im Jahr 2010 schlossen sich drei weitere zentraleuropäische Länder (darunter Deutschland) der Anwendung der Marktkopplung an. Noch im gleichen Jahr bildete sich ein neues Projekt aus Spanien und Portugal. Unter dem Projekt des „Multi-Regional Coupling" (MRC) wendeten mehr als 15 Nationen die Marktkopplung im Elektrizitätsmarkt an. Nachdem sich auch in Osteuropa ähnliche Projekte herausbildeten, setzten die zentraleuropäischen Staaten im Jahr 2015 erstmals die lastflussbasierte Marktkopplung um.

Die einzelnen Projekte und der Status Quo werden in den folgenden Abschnitten genauer erläutert.

4.2 Marktkopplungsprojekte in Europa

Drei Jahre nach dem Erlass der ersten Richtlinie in Bezug auf en europäischen Elektrizitätsbinnenmarkt fand die erste Verbindung von Energiemärkten und ihrer Börsen im Rahmen des „Trilateral Market Coupling" (TLC) im Jahr 2006 statt. Beteiligt waren die Nationen Frankreich, Belgien und die Niederlande. Hierbei wurden die inländischen Strombörsen Powernext (Frankreich), Belpex (Belgien) und APX (Niederlande) miteinander synchronisiert.[58] Die Versteigerungen von Transportkapazitäten und der Handel mit Strom wurden durch einen Algorithmus

---

[58] Böttcher, emw 2009, S. 21.

aneinandergekoppelt. Zuvor teils große Preisdifferenzen zwischen den drei beteiligten Staaten konnten innerhalb weniger Monate zu großen Teilen abgebaut werden. Somit wurde aus ökonomischer Sicht die Wohlfahrt der Länder erhöht. Außerdem konnten die Unsicherheiten in Bezug auf Schwankungen und der Energieversorgungssicherheit abgebaut werden.[59]

Im Jahr 2009 wurde das dritte Legislativpaket zum Elektrizitätsbinnenmarkt erlassen und löste somit die vorherigen Richtlinien ab. Innerhalb des neuen Pakets war vor allem die Marktzusammenführung von essenzieller Bedeutung. Hierbei ging es jedoch nicht nur um die Intensivierung der Bemühungen zur Verbindung der Transportnetze. Auch eine Kopplung der Handelsmärkte im Sinne des Market Couplings waren nun von der EU vorgesehen.[60]

Ein Jahr später wird das bestehende TLC durch die Länder Deutschland und Luxemburg erweitert. Österreich hat sich zu diesem Zeitpunkt nicht dem Marktkopplungsgebiet direkt angeschlossen. Doch durch die gemeinsame Gebotszone von Deutschland und Österreich wurden sie durch den deutschen Beitritt automatisch (indirekt) integriert.[61] Als Folge wurden die gekoppelten Länder unter dem Dach des „Central Western Europe"-Market Couplings (CWE) zusammengefasst.[62]

Der Integrationsprozess in Europa schritt in hohem Tempo voran. Zu Beginn des Jahres 2014 fanden sich innerhalb des gekoppelten Energiemarktes insgesamt 15 Länder wieder. Im Zuge des sogenannten „North Wester Europe"-Market Coupling (NWE) schlossen sich Großbritannien, die baltischen Staaten, Skandinavien und Polen der Marktkopplung an den Strommärkten an. Noch im gleichen Jahr traten Spanien und Portugal ebenfalls ein.[63]

Doch auch osteuropäische Staaten nahmen im Rahmen des „Central Eastern Europe" (CEE) an der Marktkopplung teil. Eine Verbindung bzw. Synchronisierung zwischen den beiden Kopplungszonen NWE und CEE war hierbei noch nicht entwickelt.[64]

---

[59] De Jonghe/Meeus/Belmans, EEM 2008, S. 1-6.
[60] Swissgrid, 2015, https://www.swissgrid.ch/dam/swissgrid/operation/regulation/market/market-coupling-de.pdf, letzter Aufruf: 03.03.2019.
[61] Egerer/von Hirschhausen/Weibezahn/Kemfert, DIW 2015, S. 183-185.
[62] Weber/Graber/Semmig, ZfE 2010, S. 303-304.
[63] Kiesel/Kusterman, JoCM 2016, S. 16-17.
[64] Reboredo/Tiwari/Albulescu, ES 2015, S. 474-490.

4.3 Status Quo in europäischen Strommarkt

Im Jahr 2015 erließ die Europäische Kommission eine neue Verordnung (VO), die sich explizit auf das Bewirtschaften und die Vergabe von knappen Transportkapazitäten im europäischen Elektrizitätsmarkt beschäftigte.[65]

Die Verordnung gab, neben grundsätzlichen Leitlinien, die lastflussbasierte Kapazitätskalkulation im Zuge des Engpassmanagements als Ziel vor. Diese sollten von den bestehenden Marktkopplungszonen schnellstmöglich umgesetzt werden. Im gleichen Jahr wurde das Flow-Based Market Coupling innerhalb der CWE etabliert. Die Übertragungskapazitäten konnten im Rahmen der Lastflussmethode erneut gesteigert werden. Außerdem wurden noch bestehende (bereits geringe) Preisunterschiede zwischen den beteiligten Ländern weiter abgebaut. Die theoretischen Überlegungen der Methodik konnten in der empirischen Betrachtung somit bestätigt werden.[66]

Die ACER sah im Jahr 2016 eine gemeinsame Kopplungszone namens „Core" vor. Unter ihrem Dach sollten die Staaten von CEE und CWE zusammengefügt werden. Somit sollte einerseits eine intensivere Marktintegration, aber auch eine erweiterte Anwendung der lastflussbasierten Marktkopplung erreicht werden. Der Prozess soll bis in das Jahr 2020 abgeschlossen sein. Innerhalb der Zone, in der MC Anwendung findet, werden die Aufgaben über eine einheitliche Arbeitsgruppe organisiert. Die Arbeitsgruppe repräsentiert einen Zusammenschluss von Regulierungsbehörden sowie ÜNB der beteiligten Länder und arbeitet an der Umsetzung sowie an Änderungsvorschlägen in Bezug auf die Leitlinien der beschlossenen Verordnungen.[67]

Zusammengefasst findet die Marktkopplung in einem Großteil der europäischen Nationen Anwendung. Diese Nationen werden gemeinsam auch als „Multi-Regional-Coupling" (MRC) bezeichnet. Insgesamt konnten in den am MC teilnehmenden Ländern große Schritte in Richtung eines einheitlichen europäischen Elektrizitätsbinnenmarktes und einem intensivierten Stromaustausches gegangen werden.[68] Doch besonders im südöstlichen Teil der EU besteht noch Bedarf einer Anbindung der Handelsmärkte für Strom.

---

[65] VO (EU) 2015/1222 der Kommission vom 24.07.2015.
[66] BNetzA, Monitoringbericht 2018, S. 220-221.
[67] ebd., S. 221.
[68] ebd., S. 219.

Bei einer rechtlichen Betrachtung des Status Quo der Marktkopplung in den europäischen Strommärkten müssen die Zustände der VO im Bereich des Netzanschlusses, des Marktes im Allgemeinen und des Systembetriebs analysiert werden. Hierbei lässt sich folgendes festhalten.[69]

Im Bereich des Netzanschlusses definieren zum jetzigen Zeitpunkt drei Rechtsakte. Die VO zur Festlegung eines Netzkodex mit Netzanschlussbestimmungen für Stromerzeuger regelt die Verpflichtungen und Rechte von Elektrizitätserzeugern eines Netztes (bzgl. Erzeugungsanlagen, Netzsicherheit, etc.).[70] Neben ihr geben die VO zur Festlegung eines Netzkodex für den Lastanschluss[71] und die VO zur Festlegung eines Netzkodex mit Netzanschlussbestimmungen für Hochspannungs-Gleichstrom-Übertragungssysteme und nichtsynchrone Stromerzeugungsanlagen mit Gleichstromanbindung[72] die Leitlinien für den effizienten Netzanschluss im europäischen Elektrizitätsnetz vor. Hierbei werden die rechtlichen Anforderungen von Stromerzeugern und den Erzeugungsanlagen weitmöglichst aneinander angeglichen. Dabei bestehen dennoch gewisse Freiheiten für die jeweilige nationale Gesetzgebung, um die Leitlinien bestmöglich auf ihre (strukturellen) Gegebenheiten im Land abzustimmen.[73]

Bei der Betrachtung des Marktmechanismus ist vor allem die Verordnung zur Festlegung einer Leitlinie für die Kapazitätsvergabe und das Engpassmanagement von Bedeutung.[74] Wie zuvor beschrieben, kooperieren hierbei die jeweiligen nationalen Regulierungsbehörden und die ÜNB miteinander. Sie arbeiten an der Umsetzung der Leitlinie der EU zu einer effizienten Aktivität des Stromtransports- und Handels am Spotmarkt. Des Weiteren gibt die VO zur Festlegung einer Leitlinie für die Vergabe langfristiger Kapazitäten die effiziente Verteilung der zur Verfügung stehenden Kapazitäten für den Terminmarkt vor.[75] Auch hier arbeiten die Regulierungsbehörden und die ÜNB zusammen an einer entsprechenden Umsetzung. Im Gegensatz zum Netzanschluss wird hier jedoch angestrebt, die Kompetenz von nationaler auf die europäische Gesetzgebung zu verlagern. Die VO zur Festlegung

---

[69] ebd., S. 221-223.
[70] VO (EU) 2016/631 der Kommission vom 14.04.2016.
[71] VO (EU) 2016/1388 der Kommission vom 17.08.2016.
[72] VO (EU) 2016/1447 der Kommission vom 26.08.2016.
[73] BNetzA, Monitoringbericht 2018, S. 222.
[74] VO (EU) 2015/1222 der Kommission vom 24.07.2015.
[75] VO (EU) 2016/1719 der Kommission vom 26.09.2016.

einer Leitlinie über den Systemausgleich im Elektrizitätsversorgungssystem gibt Vorgaben zu einer stärkeren Verbindung der europäischen Energiemärkte vor.[76]

Im Bereich des Systembetriebs rücken zwei VO der Kommission in den Fokus. Auf der einen Seite regelt die VO zur Festlegung einer Leitlinie für den Übertragungsnetzbetrieb eine weitere Integration und Angleichung des kurzfristigen Betriebs des Elektrizitätsnetzes.[77] Neben Vorschriften für die Sicherheit werden hier auch Grenzwerte für den über Landesgrenzen verlaufenden Stromhandel bzw. -Transport vorgeschrieben. Auf der anderen Seite definiert die VO zur Festlegung eines Netzkodex über den Notstand und den Netzwiederaufbau des Übertragungsnetzes Vorgaben in Notfallsituationen.[78]

Trotz der zunehmend schneller fortschreitenden Entwicklung der Marktliberalisierung und des mit ihr verknüpften Market Coupling sollten Vor- und Nachteile weiterhin analysiert und diskutiert werden. Sowohl in der theoretischen Betrachtung als auch in der empirischen Analyse lassen sich Kritik am System oder an der Effizienz der Marktkopplung finden. Kritische Positionen und Diskussionspunkte sollen im folgenden Kapitel genannt und erläutert werden.

5 Kritik und Diskussion

Zu Beginn sollte erwähnt werden, dass das Prinzip hinter der Marktkopplung innerhalb der Öffentlichkeit und der Forschung teils stark unterschiedliche Definitionen findet. In der öffentlichen Wahrnehmung wird das Market Coupling oft als Kopplung bzw. Verbindung mehrerer nationaler Märkte verstanden. Dies ist jedoch nicht unter der Marktkopplung zu verstehen. Wenn sich mehrere nationale Märkte miteinander verbinden, handelt es sich um einen grenzüberschreitenden Handel, genauer gesagt um Außenhandel.[79]

Wie in Kapitel 2 erläutert, beschreibt die Marktkopplung eine Methode der effizienten Allokation von begrenzten Kapazitäten im Stromtransport innerhalb des Großhandels zwischen verschiedenen Gebotszonen bzw. Ländern.[80] Doch auch wenn sich die meisten Ökonomen und Juristen in der Definition von Market

---

[76] VO (EU) 2017/2195 der Kommission vom 23.11.2017.
[77] VO (EU) 2017/1485 der Kommission vom 02.08.2017.
[78] VO (EU) 2017/2196 der Kommission vom 24.11.2017.
[79] Büter, 2007, S. 1.
[80] Böttcher, emw 2009, S. 20.

Coupling einig sind, so unterscheiden sich ihre Ansichten der Methodik bzw. dem Typus als Engpassmanagement.

Es existieren neben der Marktkopplung noch die Methoden der impliziten und der expliziten Versteigerung von Kapazitäten.[81] Zum Teil wird die Marktkopplung als reine implizite Auktion definiert.[82] Dies widerspricht jedoch einer grundlegenden Intention der Methode. Es soll verhindert werden, dass sich der Einfluss eines zentralen Auktionshauses auf den Markt innerhalb des Market Couplings zu sehr ausweitet. Dies könnte die Liberalisierung des Marktes und freien Wettbewerb gefährden.[83] Aus diesem Grund werden am Terminmarkt (bei langfristigen Geschäften) eine explizite und „nur" am kurzfristigen Spotmarkt eine implizite Auktion angewandt. Die Marktkopplung beschreibt also eine Mischform aus beiden Versteigerungsmethoden.[84] Die theoretische Ausarbeitung einer rein impliziten Ersteigerung von Kapazitäten wurde in der Historie tatsächlich angedacht, aber aufgrund oben genannter Risiken verworfen.[85]

Ein weiterer Diskussionspunkt findet sich ebenfalls in der Einordnung der Marktkopplung in das Engpassmanagement. Der Horizont einer kurzen oder einer langen Frist wird von verschiedenen Positionen unterschiedlich zugeordnet. Dies skizziert jedoch nicht nur die theoretische Anwendbarkeit der Methodik, sondern ebenso den Standpunkt der Forscher, ob die Marktkopplung auf lange Frist Erfolg haben kann oder eher als kurzfristiges Ausgleichsinstrument wahrgenommen wird. Auf der einen Seite sehen einige Ökonomen nur in dem investitionsintensiven Netzausbau an Grenzkuppelstellen oder innerhalb einer Gebotszone eine langfristige Lösung. Von ihnen wird das Market Coupling als operatives (kurzfristiges) Instrument zum Engpassmanagement wahrgenommen.[86] Dem entgegen steht die Einordnung der Marktkopplung als langfristig effiziente Methode der Kapazitätsermittlung und -Vergabe.[87] Im Allgemeinen ist die Diskussion über ein effizientes Engpassmanagement und die beste (effiziente) Methode für diese sowohl bei Ökonomen als auch Juristen (noch) nicht beendet.[88]

---

[81] Dieckmann, 2008, S. 115.
[82] Swissgrid, 2015, https://www.swissgrid.ch/dam/swissgrid/operation/regulation/market/market-coupling-de.pdf, letzter Aufruf: 03.03.2019.
[83] Dieckmann, 2008, S. 115.
[84] Wawer, ZfE 2007, S. 114.
[85] Dieckmann, 2008, S. 115-116.
[86] Spiecker/Vogel/Weber, uwf 2009, S. 321-322.
[87] Wawer, ZfE 2007, S. 109-115.
[88] Niedrig/Schroeder, in: Zenke/Schäfer 2012, §27 Rn. 17-18.

Das Engpassmanagement findet, wie zuvor beschrieben, Anwendung im intraeuropäischen Außenhandel mit Strom. Hierbei werden i.d.R. ganze Länder zu einer Gebotszone zusammengezogen. Eine Gebotszone definiert sich durch die Abwesenheit von Engpässen und somit Preisidentität in allen Teilen der Gebotszone. Doch besonders im Hinblick auf den wandelnden deutschen Strommarkt erscheint dies fragwürdig.[89] In der Analyse gibt es eine Reihe von Ökonomen, die eine einzelne Gebotszone für die ganze Bundesrepublik kritisieren. Insbesondere im Hinblick auf die Einspeisung hoch volatiler EE kommt es vermehrt zu Preisunterschieden auch innerhalb der nationalen Grenzen, die aus teils erheblichen physischen Engpässen resultieren.[90] Jedoch wurden Bemühungen zu einer Marktaufteilung von Politik und Regulierung stets abgewiesen.[91] Im Zuge der immer weiteren Integration von volatilen EE und prognostizierter Engpässe, ist eine weitere und sogar verschärfte Diskussion zu erwarten.

Besonders in der Anfangsphase der Liberalisierung des europäischen Strommarktes wurden oftmals die Vor- und Nachteile der Marktkopplung denen des sogenannten Market Splitting gegenübergestellt. Das Marktet Splitting beschreibt eine weitere mögliche Option des Engpassmanagements. Dabei werden jedoch, im Gegensatz zum Market Coupling, nicht nur die gemeinsamen Übertragungskapazitäten der betroffenen Übertragungsnetze in die Kalkulation integriert. Es werden außerdem die Orte von Einspeisung und Abnahme von Strom in das Netz miteinberechnet. Außerdem werden auch die am Terminmarkt langfristig vereinbarten Handelsbeziehungen mit in die Kalkulation einbezogen. Im Vergleich von Market Coupling und -Splitting ist zu beachten, dass letzteres einen hohen Grad an Transparenz aller, auch nur indirekt beteiligten, Akteure erfordert. Somit führt die Hürde eines möglichen Market Splitting in Abhängigkeit der beteiligten Länder in der Regel zur Anwendung des Market Couplings.[92] Außerdem ist die positive Wirkung des Market Splitting in Bezug auf die Wohlfahrt in der Ökonomie umstritten.[93]

Zusammenfassend sind zwar einige Kritikpunkte an Definition und Methodik der Marktkopplung zu finden, doch ist die breite Meinung innerhalb der juristischen und ökonomischen Forschung weitestgehend konvergent. Die genaue

---

[89] Wawer, ZfE 2007, S. 109.
[90] Der Aufbau der deutschen sogenannten „Nord-Süd-Trasse" wäre bei Nicht-Existenz von Engpässen nicht notwendig.
[91] König/Baumgart, EuZW 2018, Rn. 491-492.
[92] Grimm/Ockenfels/Zoettl, ZfE 2008, S. 157-158.
[93] Grimm/Martin/Weibelzahl/Zöttl, EP 2016, S. 453-454.

Funktionsweise der Marktkopplung strahlt in breiter Weise in verschiedene Fachgebiete wie den Rechtswissenschaften, den Wirtschaftswissenschaften und nicht zuletzt auch der Energietechnik hinein. Hieraus resultiert eine starke Notwendigkeit für interdisziplinäre Diskussion und Abstimmung. In der historischen und empirischen Betrachtung konnte die Wirkung der Marktkopplung als ein effizientes Mittel zum angemessenem Engpassmanagement bestätigt werden und die Methode sich langfristig etablieren.[94]

6   Fazit und Ausblick

Die Kernfrage wurde zu Beginn dieser Arbeit wie folgt definiert: Zu welchem Zweck wird die Marktkopplung benötigt, was genau ist unter ihr zu verstehen und wie wirkt sie sich auf den europäischen Strommarkt aus?

Zur Frage des Hintergrunds und dem Zweck kann der europäische Energiebinnenmarkt mit seinem Ziel der flächendeckenden Liberalisierung genannt werden. Innerhalb des physisch miteinander verbundenen Stromnetztes in Europa kommt es jedoch insbesondere an den Grenzkuppelstellen vermehrt zu Engpässen, also Kapazitätsrestriktionen im Stromtransport über Grenzen hinweg. Dieser Transport wird im Rahmen des internationalen (intraeuropäischen) Handels von den Börsen bewirtschaftet. Sie und die beteiligten Länder haben es als Aufgabe, die knappen Transportkapazitäten für Strom effizient zu verteilen. Das sogenannte Engpassmanagement hat eine solche optimale Allokation der Kapazitäten zum Ziel. Die geschilderte Notwendigkeit hat verschiedene Lösungsansätze als Option, von denen die Marktkopplung eine darstellt.

Die Funktionsweise lässt sich wie folgt definieren. Sie etabliert für den langfristigen Stromhandel am Terminmarkt eine explizite Versteigerung. Das bedeutet, dass die Kapazitäten für den Transport und der gewünschte Strom getrennt voneinander ver- bzw. ersteigert werden. Beim kurzfristigen Stromhandel am Spotmarkt wird jedoch eine implizite Auktion umgesetzt. Hier werden also Kapazitäten und Strom in einem Prozess gehandelt. Hier ist es einem zentralen Auktionshaus möglich, entweder den Preis zu ermitteln oder die zur Verfügung stehenden Kapazitäten. Im Resultat soll eine effiziente Verteilung und eine möglichst hohe Auslastung verfügbarer Transportkapazitäten erfolgen.

---

[94] BNetzA, Monitoringbericht 2018, S. 219-221.

Die Wirkung des Market Couplings stimmt mit den theoretischen Hypothesen weitgehend überein und lässt sich anhand vergangener oder bestehender Marktkopplungsprojekte in Europa bestätigen. Preisangleichung und der ausgeweitete Großhandel mit Strom über Grenzen hinweg untermauern dieses Resultat. Aktuell sind ein Großteil der europäischen Staaten sowohl physisch mit anderen Ländern verknüpft als auch durch die Anwendung der Marktkopplung mit den benachbarten Strombörsen synchronisiert.

Die Analyse der Ergebnisse dieser Arbeit lässt auf eine zunehmende Intensivierung der Handelsbeziehungen und der Marktkopplung in Europa in Bezug auf den Elektrizitätsmarkt schließen. Es ist zu erwarten, dass sich in den nächsten Jahren weitere Nationen der Anwendung von Market Coupling anschließen. Außerdem scheint sich die lastflussbasierte Modifikation der Marktkopplung zusehends durchzusetzen.

Es sollten jedoch weder die Diskussion um ein effizientes Engpassmanagement als (bald) abgeschlossen betrachtet, noch die interdisziplinären Herausforderungen von Theorie und Methodik unterschätzt werden. Besonders im Hinblick auf die Prognostizierbarkeit von Schwankungen und Engpässen innerhalb nationaler Übertragungsnetze sind weitere Komplikationen zu erwarten.

Literaturverzeichnis

Böttcher   Market Coupling in Europa, in: Energie Markt Wettbewerb (emw) 2009, Vol. 2, S. 20-24.

Büter   Außenhandel - Grundlagen internationaler Handelsbeziehungen, Heidelberg 2017.

De Jonghe/
Meeus/
Belmans   Power exchange price volatility analysis after one year of Trilateral Market Coupling, in: 5th Conference on European Electricity Markets (EEM) 2008.

Dieckmann   Engpassmanagement im Europäischen Strommarkt, Inauguraldissertation, Westfälische Wilhelms-Universität Münster 2008.

Egerer/
Von Hirschhausen/
Weibezahn/
Kemfert   Energiewende und Strommarktdesign: Zwei Preiszonen für Deutschland sind keine Lösung, in: Deutsches Institut für Wirtschaftsforschung (DIW) 2015, Vol. 82, Issue 9, S. 183-190.

Gerbaulet/
Kunz/
Hirschhausen/
Zerrahn   Netzsituation in Deutschland bleibt stabil, in: Deutsches Institut für Wirtschaftsforschung (DIW) 2013, Vol. 80, Issue 20/21, S. 3-12.

Gerig/
Helbig   Rechtliche Instrumente zur Vollendung des europäischen Energiebinnenmarktes, in: Wirtschaftsdienst (WD) 2014, Vol. 94, Issue 12, S. 887-891.

Grimm/
Ockenfels/
Zoettl   Strommarktdesign – Zur Ausgestaltung der Auktionsregeln an der EEX, in: Zeitschrift für Energiewirtschaft (ZfE) 2008, Vol. 32, S. 147-161.

Grimm/
Martin/
Weibelzahl/
Zöttl

On the long run effects of market splitting: Why more price zones might decrease welfare, in: Energy Policy (EP) 2016, Vol. 94, S. 453-467.

Hager/
Kawann/
Benckendorff/
Schwarz

Blick hinter die Kulissen der Ausgleichsenergie – technisch betrachtet, in: in: Elektrotechnik und Informationstechnik (e&i) 2001, Vol. 118, Issue 9, S. 408-415.

Haimbl/
Singleton/
Hatz

Die UCTE – Garant eines zuverlässigen Verbundbetriebs in Europa, in: Elektrotechnik und Informationstechnik (e&i) 2004, Vol. 121, Issue 10, S. 375-377.

Kiesel/
Kusterman

Structural models für coupled electricity markets, in: Journal of Commodity Markets (JoCM) 2016, Vol. 3, Issue 1, S. 16-38.

König/
Baumgart

Der EU-Binnenmarkt und die einheitliche Stromgebotszone in Deutschland, in: Europäische Zeitschrift für Wirtschaftsrecht (EuZW) 2018, Rn. 491-495.

Kolloch/
Golker

Staatliche Regulierung und Digitalisierung als Antezendenzien für Innovation in der Energiewirtschaft am Beispiel von REMIT, in: Zeitschrift für Energiewirtschat (ZfE) 2016, Vol. 40, Issue 1, S. 41-54.

Litz/ *Rosenkranz*	Stromexport und Klimaschutz in der Energiewende. Analyse der Wechselwirkungen von Stromhandel und Emissionsentwicklung im fortgeschrittenen europäischen Strommarkt, in: Agora Energiewende (A-EW) 2015.
Meeus/ *Vandezande/* *Cole/* *Belmans*	Market coupling and the importance of price coordination between power exchanges, in: Energy (E) 2009, Vol. 34, Issue 3, S. 228-234.
Reboredo/ *Tiwari/* *Albulescu*	An analysis of dependence between Central and Eastern European stock markets, in: Economic Systems (ES) 2015, Vol. 39, Issue 3, S. 474-490.
Spiecker/ *Vogel/* *Weber*	Ökonomische Bewertung von Netzengpässen und Netzinvestitionen, in: Umweltwirtschaftsforum (uwf) 2009, Vol. 17, S. 321-331.
Uwer/ *Rademacher*	Industrielle Energiestrategie - Praxishandbuch für Entscheider des produzierenden Gewerbes, Wiesbaden 2017.
Van den Bergh/ *Boury/* *Delarue*	The Flow-Based Market Coupling in Central Western Europe: Concepts and definitions, in: The Electricity Journal (EJ) 2016, Vol. 29, Issue 1, S. 24-29.
Vahrenholt	Die erneuerbaren Energien im Stromversorgungssystem: Eine gelungene Integration?, in: Wirtschaftsdienst (WD) 2010, Vol. 90, Issue 10, S. 653-656.

Wawer

Konzepte für ein nationales Engpassmanagement im deutschen Übertragungsnetz, in: Zeitschrift für Energiewirtschaft (ZfE) 2007, Vol. 31, Issue 2, S. 109-116.

Wawer

Effizientes Engpassmanagement zur Schaffung eines europäischen Strombinnenmarktes – die Rolle von finanziellen Übertragungsrechten, in: Zeitschrift für Energiewirtschaft (ZfE) 2009, Vol. 33, Issue 2, S. 91-97.

Weber/
Graeber/
Semmig

Market Coupling and the CWE Projekt, in: Zeitschrift für Energiewirtschaft (ZfE) 2010, Vol. 34, Issue 4, S. 303-309.

Zenke/
Schäfer

Energiehandel in Europa – Öl, Gas, Strom, Derivate, Zertifikate, München 2012, (zitiert: Niedrig/Schroeder und Ritzau/Schuffelen, in: Zenke/Schäfer).